中国国有林场

国家林业和草原局国有林场和种苗管理司
国 家 林 业 和 草 原 局 宣 传 中 心　编

中国林業出版社
CFPH China Forestry Publishing House

图书在版编目（CIP）数据

中国国有林场 / 国家林业和草原局国有林场和种苗管理司，国家林业和草原局宣传中心编 .— 北京：中国林业出版社，2022.10（2023.10 重印）

ISBN 978-7-5219-1811-3

Ⅰ. ①中… Ⅱ. ①国…②国 Ⅲ. ①国营林场—概况—中国 Ⅳ. ① F326.2

中国版本图书馆 CIP 数据核字（2022）第 153358 号

责任编辑：何 蕊 杨 洋
执 笔：袁丽莉
装帧设计：五色空间

中国国有林场
Zhongguo Guoyou Linchang

出版发行 中国林业出版社
(100009，北京市西城区刘海胡同7号，电话：83143580)
电子邮箱：cfphzbs@163.com
网 址：www.forestry.gov.cn/lycb.html
印 刷：河北京平诚乾印刷有限公司
版 次：2022年10月第1版
印 次：2023年10月第2次印刷
开 本：787mm×1092mm 1/32
印 张：4.75
字 数：80千字
定 价：40.00元

前言

PREFACE

中国是世界上生物多样性最丰富的国家之一，是世界上唯一具备几乎所有生态系统类型的国家。丰富的生物多样性不仅是大自然馈赠给中国的宝贵财富，也是全世界人民的共同财富。

十九届五中全会明确要坚持“绿水青山就是金山银山”理念，坚持尊重自然、顺应自然、保护自然，坚持节约优先、保护优先、自然恢复为主，守住自然生态安全边界。为了让更多人了解中国生态保护所做的努力，使生态保护、人与自然和谐共生的理念深入人心，国家林业和草原局宣传中心组织编写了“林业草原科普读本”，包括《中国国家公园》《中国草原》《中国自然保护地》《中国湿地》《中国荒漠》等分册。

我国的国有林场大多分布在江河源头、水库周围、风沙前沿、丘陵山区及城镇周边，是维护国家安全最重要的基础设施。党的十八大以来，国有林场改革作为生态文明体制改革的重要内容，取得重大阶段性成效，国有林场生态功能显著提升，职工生产生活条件明显改善，为保护培育森林资源、维护国家生态安全发挥了重要作用。

截止到 2021 年底，全国国有林场整合为 4297 个，71.8% 为公益一类事业单位，23.7% 为公益二类事业单位，4.5% 为公益性企业，核定事业编制 20.68 万个。森林面积 0.56 亿公顷，占全国 2.2 亿公顷的 25.5%。森林蓄积量 38.1 亿立方米，占全国 175.6 亿立方米的 21.7%。

《中国国有林场》对全国国有林场的基本概念和所承担的重要作用做了简要介绍，带领读者走进国有林场，对国有林场的历史和未来有一个初步了解。

编者

2022 年 8 月

△ 广西壮族自治区国有高峰林场灰木莲林区

目录 CONTENTS

第一章　认识中国国有林场

第二章　走进中国国有林场

▲ 辽宁省枫林谷林场秋色

△ 辽宁省枫林谷林场枫谷水韵

第一章
认识中国国有林场

国有林场是我国生态修复和建设的重要力量，是维护国家生态安全最重要的基础设施，在大规模造林绿化和森林资源经营管理中取得了巨大成就。党的十八大以来，国有林场改革作为生态文明体制改革的重要内容，取得重大阶段性成效，国有林场生态功能显著提升，职工生产生活条件明显改善，为保护国家生态安全、提升人民生态福祉、促进绿色发展、应对气候变化发挥了重要作用。在第一章的内容中，我们将了解什么是国有林场，为什么要进行国有林场改革，国有林场改革取得了哪些成绩、又遇到了哪些问题，以及如何解决这些问题。

01 什么是国有林场

国有林场是依法设立的从事森林资源保护、培育、利用的具有独立法人资格的公益性事业、企业单位。国有林场大多分布在江河源头、水库周围、风沙前沿、丘陵山区及城镇周边。我国主要江河流域的森林都是以国有林场为主体，黄河流域森林面积65%、长江流域30%、辽河流域38%都由国有林场管理。

▽ 河北省塞罕坝机械林场夏日人工林海

2015年前，全国有4855个国有林场，分布在31个省（区、市）1600多个县，森林面积4466.67万公顷，森林蓄积量23.4亿立方米。职工75万人，其中，在编在职40万人，全额拨款占9%，差额拨款占39%，自收自支占52%。

西部黄土高原地区有国有林场900多个，沙漠和风沙前沿有500多个，大型水库周围有200多个，涉及天然林保护的2900多个，1400多个国有林场建立了森林公园，600多个国有林场建立了自然保护区。

△ 浙江省淳安县林业总场姥山种子园俯瞰图

但由于长期以来，国有林场功能定位不清、管理体制不顺、经营机制不完善、支持政策不健全，国有林场普遍面临着资源管理弱化、基础设施落后、债务负担沉重、职工生活困难、发展陷入困境等问题，推进国有林场改革势在必行。

为建立有利于保护发展森林资源、改善生态民生、增强林业发展活力的国有林场新体制，2015年，国有林场改革全面启动。

通过改革，全国国有林场整合为4297个，其中，省属占10%，市属占15%，县属占75%，71.8%为公益一类事业单位，23.7%为公益二类事业单位，4.5%为公益性企业，核定事业编制20.68万个。森林面积5600万公顷，占全国2.2亿公顷的25.5%。森林蓄积量38.1亿立方米，占全国175.6亿立方米的21.7%。

一问一答

Q：改革前后，我国国有林场的数量有哪些变化？

A：改革前，有4855个国有林场；改革后，整合为4297个国有林场。

△ 广西壮族自治区国有高峰林场的红头长尾山雀

02 国有林场改革取得了哪些成效

国有林场改革是党的十八大后习近平总书记亲自主持研究部署的第一个林草重大改革。习近平总书记对国有林场改革十分重视，多次作出重要指示。在审议《国有林场改革方案》时，习近平总书记特别强调，保生态、保民生是国有林场改革的两条底线。要通过改革，充分发挥国有林场的生态功能，增强林场活力，确保实现资源增长、生态良好、林业增效、职工增收、社会和谐稳定。

截至 2020 年底，基本完成了国有林场改革任

河北省塞罕坝机械林场层林尽染

务，历史性地解决了几十万职工的生存问题，取得了以下成效。

● 生态功能显著提升

通过全面停止天然林商业性采伐，国有林场每年减少消耗556万立方米，占改革前年采伐量的50%。森林面积较改革前增加1133.33万公顷，森林蓄积量增加14.7亿立方米。据测算，国有林场森林植被年固碳量约1.2亿吨，年吸收二氧化碳约2.5亿吨，年释放氧气约2.7亿吨。

● 生产生活条件明显改善

职工住房无着落、工资无保障、社保不到位的问题基本解决，水、电、路等基础设施得到改善。累计改造危旧房54.5万户，实现了职工每户一套单元房的目标。职工年均工资由1.4万元提高到4.5万元。基本养老保险、基本医疗保险实现了全覆盖，参保率由75%提高到100%。会同银保监会化解国有林场债务5.29亿元。交通运输部等四部门印发文件，明确国有林场道路属性以及投资建设和管理养护方案，并安排车辆购置税资金134.5亿元支持场部通硬化路以及林下经济节点道路建设。国家发展改革委启动国

△ 山东原山林场如月湖湿地公园

有林场管护站点用房建设试点，投资4.48亿元支持内蒙古、江西、广西、重庆、云南5个省（区、市）试点建设管护用房2080套。

● 管理体制不断创新

功能定位更加明确，国有林场将主要精力转到保护培育森林资源、维护生态安全上来，解决了求生存的后顾之忧，如公益一类国有林场的经费纳入同级财政预算，193所学校、230个场办医院移交属地管理，理顺了与667个代管乡镇、村的关系。实现了人员精简，核定事业编制20.68万个，比方案确定的22万个少1.32万个，会同人力资源社会保障部、国

家档案局、财政部印发相关文件，完善了岗位设置、档案管理和森林管护购买服务制度。

• 改革成效持续巩固

各地按《国家林业和草原局关于进一步巩固和提升国有林场改革成效的通知》指出的8个方面的问题，逐个林场地排查和落实，不用面上成绩掩盖点上问题。委托第三方机构开展以林场为单位的点上摸查，对发现的改革中的问题，要求各地务必整改完善，确保改革不漏一个林场、不落一个职工，职工满意度达到93.6%。确定了福建三明、浙江金华东方红林场、山东淄博原山林场开展深化改革试点，重点是完善考核激励机制，批复了试点方案。

一问一答

Q：国有林场改革在哪4个方面取得了重大成效?

A：生态功能显著提升；生产生活条件明显改善；管理体制不断创新；改革成效持续巩固。

▼河北省塞罕坝机械林场

▲ 小天鹅

湖北省太子山林场管理局月季园

第二章
走进中国国有林场

因地制宜，优化配置；强化森林保护，合理利用资源；不断适应新要求、新变化。时代的不断发展，给众多国有林场提出了更高的要求。你是否也好奇，中国有哪些国有林场？这些林场是如何走上各自的转型之路的？如今又是怎样的光景？在第二章的内容中，让我们一起走进这17家各有特色的国有林场，去了解属于他们的“成长故事”。

01 河北省塞罕坝机械林场

河北省塞罕坝机械林场创建于1962年2月，是河北省林业和草原局直属大型国有林场，地处河北省最北部、内蒙古高原浑善达克沙地南缘。

建场之初，塞罕坝气候恶劣、沙化严重、人烟稀

塞罕坝机械林场万亩林海

少。三代塞罕坝人以改善生态、造福京津为己任，忠实履行"为首都阻沙源、为京津蓄水源"的神圣使命，在一片荒漠中建成了世界上面积最大的人工林场，创造了荒原变林海的人间奇迹，筑起京津冀绿色生态屏障，用忠诚和执着铸就了"牢记使命、艰苦创业、绿色发展"的塞罕坝精神。

▲ 塞罕坝机械林场秋满大地

△ 塞罕坝机械林场林区云海

如今的塞罕坝，自然植被类型多种多样，主要为落叶针叶林、常绿针叶林、针阔混交林、阔叶林、灌丛、草原与草甸、沼泽及水生群落等。全场总经营面积 9.33 万公顷，其中，林地面积 7.67 万公顷，林木蓄积量 1036.8 万立方米，森林覆盖率 82%。人工林面积 5.43 万公顷，天然林 2.24 万公顷。人工林以华

北落叶松、樟子松、云杉等针叶树种为主，天然林以白桦、山杨、蒙古栎等阔叶树种为主。野生动植物资源丰富，是珍贵的动植物资源基因库，分布有陆生野生脊椎动物 261 种、鱼类 32 种、昆虫 660 种、大型真菌 179 种、植物 625 种。

2017 年 8 月，习近平总书记对塞罕坝林场建设者感人事迹作出重要指示，称赞“他们的事迹感人至深，是推进生态文明建设的一个生动范例”。在国内，塞罕坝机械林场先后荣获“时代楷模”“全国文明单位”“国有林场建设标兵”“最美奋斗者”“全国脱贫攻坚楷模”“全国先进基层党组织”等称号；国际上，塞罕坝获得联合国环保最高荣誉“地球卫士奖”、联合国防治荒漠化领域最高荣誉“土地生命奖”。

大花杓兰

黑琴鸡

▲ 塞罕塔

一问一答

Q：塞罕坝精神是指什么?

A：“牢记使命、艰苦创业、绿色发展”。

△ 鸳鸯

△“鬼笑石”云海

02 北京市西山试验林场

北京市西山试验林场始建于1953年，地跨海淀、石景山、门头沟三区，管护面积5733.33公顷，是在朱德同志倡导的“绿化西山”引领下开展的西山人工造林，是华北地区建立最早、造林成就最显著的国有林场之一。近70年来，几代林场人扎根基层、艰苦奋斗，使小西山森林覆盖率从20世纪50年代的4.7%到增长到现在的93.29%。在调节气候、保持水土、固碳放氧等方面，发挥着显著作用。

西山试验林场属于典型华北浅山区，是物种分布交汇区域，是候鸟迁徙的重要通道，也是珍稀野生动植物资源天然生物库。目前，有维管束植物 90 科 286 属 517 种、野生动物 131 种、昆虫 397 种，大型真菌 148 种，基本形成较为稳定的浅山森林生态系统。林场现有古树 2874 株，名木 78 株。树种以侧柏为主，还包括国槐、银杏、楸树等。

“落其实者思其树，饮其流者怀其源”。西山试验林场几代人不忘初心，牢记使命，在保护和修复自然生态系统的基础上，提升服务水平，挖掘文化内涵。2011 年 9 月，西山国家森林公园对游客开放。2013

西山试验林场早春

年 10 月，由中国人民解放军原总政治部联络部在西山建立西山无名英雄纪念广场，纪念为国家统一、人民解放事业牺牲的大批隐蔽战线无名英雄。2015 年 8 月，北京市委组织部将西山无名英雄广场确定为“忠诚、干净、担当”专题党性教育基地。2021 年 10 月，又被市委组织部评为“市级党员教育培训现场教学点”。

2015 年 12 月至 2019 年 9 月，林场实施了“北法海寺遗址保护工程”。现建筑格局始于乾隆时期，总占地面积近 1.9 万平方米，建筑面积 3600 平方米。修复后的法海寺作为西山方志书院使用，以森林文化、西山文化、方志文化为载体，使古老的文化遗产焕发出新的生机和活力。

北京西山国家森林公园

西山无名英雄纪念广场旁盛开的花朵

时代的使命不同，绿化的初心未变。自 1953 年以来，西山林场几代人忠诚国家绿色使命，扎根基层、无私奉献、坚守信念、艰苦奋斗，为首都生态建设作出了巨大贡献。“不忘初心、牢记使命、艰苦创业、绿色发展”，是一代又一代西林人传承和弘扬的西山精神。

一问一答

Q：北京市西山试验林场地跨北京哪3个区?

A：海淀、石景山、门头沟。

西山红叶

03 辽宁省枫林谷林场

辽宁省枫林谷林场的前身是和平林场，始建于1958年，地处长白山余脉龙岗山脉，桓仁满族自治

丹枫映清泉

县东南部向阳乡和平村境内，距县城28千米，林场经营总面积3105.1公顷，森林总蓄积量38.3万立方米，其中，人工林640公顷，占林场总面积的20.6%；天然林面积2466.67公顷，占林场总面积的79.4%。

▲金枫唱秋

▲ 多彩枫林

多年来，国有林场主要依靠采伐天然林、销售木材维系生存，产业结构单一。为解决国有林场发展的困境，2012年经县委、县政府批准，由桓仁县8家国有林场共同入股，成立桓仁枫林谷森林公园旅游有限公司，开发建设枫林谷景区，累计投资1.5亿元，重点开发九曲峡、九岔沟、红枫顶、八面威4个游览区，修建了游客中心、停车场、五彩路、木栈道，形

成大小环线5条，日承载游客可达3万人。

枫林谷林场景色宜人，文化底蕴出色。森林原始，森林覆盖率98.75%，海拔1305米的八面威山，巍峨耸立，野生动物有黑熊、野猪、狗獾、梅花鹿等，珍稀植物有红豆杉、野山参、天女木兰等；溪水充沛，终年不断，形成瀑布和潭池，有九叠飞瀑、溪枫池、三道瀑等瀑布景观；空气纯净，负氧离子每立方厘米3万个，在瀑布附近瞬时可达10万个，是城市公园的20倍，被誉为“最适合呼吸的地方”；气候宜人，夏日最高气温20℃，享有“避暑度假胜地”之美誉；红叶优美，拥有辽宁最大的枫叶观赏群落，拥有枫树品种13种，每年9月中旬，从千米高山自上而下逐渐变红，持续到10月中旬；红色文化浓厚，是杨靖宇将军抗联根据地，拥有石营房、藏兵洞、御寇关等红色文化遗址。

丹枫醉秋

谜涧

截至2021年末，枫林谷林场累计接待游客200万人次，实现收入7000万元。此外，还带动当地百姓致富，据统计，和平村现有农家院52户，依托森林旅游，每年户均增收3万元。

一问一答

Q：枫林谷林场的珍稀动植物资源有哪些？

A：野生动物有黑熊、野猪、狗獾、梅花鹿等，珍稀植物有红豆杉、野山参、天女木兰等。

△ 溪水涓涓

04 河南省国有商城黄柏山林场

河南省国有商城黄柏山林场位于河南省东南部大别山北麓，豫、鄂、皖三省交界处，素有“一脚踏三省，两眼观江淮”之称，是淮河上游主要支流灌河的

▼ 滴翠天池

发源地，距离商城县城60余千米。

林场始建于1956年，2006年设立国家级森林公园。林场经营总面积7066.67公顷，其中，国有林地4266.67公顷，与周边乡村合作经营集体林地2800公顷。全场活立木蓄积量达92万立方米，森林覆盖率为97.43%。

▲ 黄柏山天池

林场处于华东、华中、华北地区的过渡地带，3个植物区系交汇并存，地理成分多样，区系联系广泛。森林植被以常绿针叶林、落叶阔叶林、常绿针叶落叶阔叶混交林为主，其中，维管植物179科809属2116种，裸子植物6科12属23种，被子植物142科742属1940种，国家一、二级重点保护野生植物有33种。林场内共有各类野生动物371种，其中，鸟类17目40科173种，两栖爬行类5目13科38种，其他160种，国家一、二级重点保护野生动物有37种。

建场60多年来，三代林场人扎根大山深处，把一道道秃山荒岭变成郁郁林海，用实际行动践行“绿水青山就是金山银山”的生态理念，成功铸就“敢干、苦干、实干、巧干”的黄柏山精神，孕育出全省森林覆盖率最高、集中连片人工林面积最大、林相最好、活立木蓄积量最多的国有林场。

△ 蓝喉蜂虎

一问一答

Q：黄柏山精神的内涵是什么？

A：是黄柏山林场三代人扎根深山，通过实际行动践行“绿水青山就是金山银山”的生态理念，铸就的“敢干、苦干、实干、巧干”精神。

▲ 美丽山村

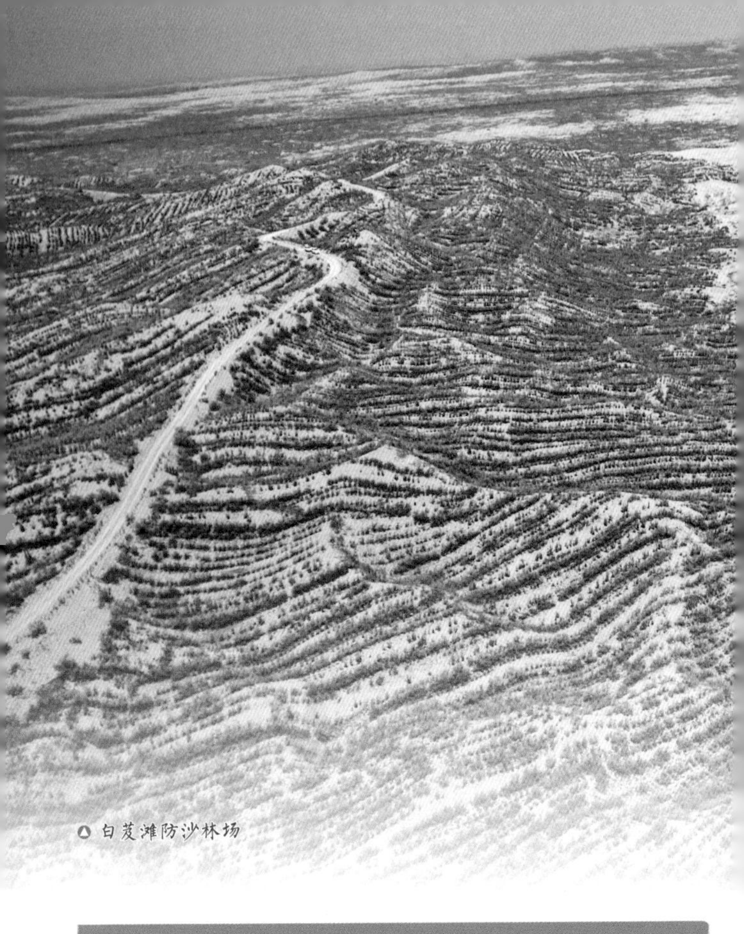

△ 白芨滩防沙林场

05　宁夏回族自治区灵武市白芨滩防沙林场

宁夏灵武市白芨滩防沙林场地处毛乌素沙漠西南边缘，西临宁夏平原万顷良田，东接宁东能源重化工基地，对阻止毛乌素沙地南移和西扩，防止泥沙侵入黄河、改善首府银川生态环境、保护区域生态安全，

具有不可替代的生态功能。

林场总面积9.87万公顷，其中绝大部分位于毛乌素沙漠边缘，属于典型的荒漠区域，在我国荒漠类型自然保护区中具有独特的景观。区域内分布着我国面积最大、最集中的天然柠条林1.8万公顷，猫头刺植物群落2万公顷，有国家一级重点保护野生植物发

▼ 中国宁夏（灵武）热气球节

△ 沙漠浴场

菜、二级重点保护野生植物沙芦苇、珍稀濒危植物沙冬青等 311 种植物和 129 种动物。

从 1953 年建场以来，沙化土地面积逐年减少，靠近农村灌区村庄的防护林带面积逐年增加，生态状况整体好转，林区呈现出生产发展、生活富裕、生态良好的崭新面貌。特别是 2000 年以来，林场在治沙措施上，大力推行三季造林、工程与生物措施相结合的综合治理模式，大大提高了造林成活率。

坚持创新发展，大大推动了治沙进程，如今白芨滩防沙林场已成功营造了东西宽 20~30 千米，南北长 60 千米的绿色长廊，实现了沙漠后退 20 多千米的壮举，林区森林覆盖率达到40.6%，区域环境质量明显改善，风速、水分蒸发量、大气相对湿度、土壤有机质含量等技术指标均达到了沙漠治理的国际领先水平，创造出“人进沙退”的中国创举、世界奇迹。

持续不断的防沙治沙用沙，正以其特有的生态力量融合推动灵武市经济格局、城市格局、社会格局的内在嬗变。白芨滩已经成为我国重要的防沙治沙示范区。

将麦草背到治沙现场

一问一答

Q：宁夏灵武市白芨滩防沙林场在治沙方面具有哪些创新点?

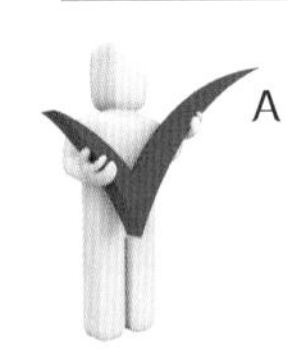

A：例如，推行三季造林、工程与生物措施相结合的综合治理模式，大大提高了造林成活率。

冬日沙区

06 山东省淄博市原山林场

淄博市原山林场坐落在山东省淄博市南部山区，建立于 1957 年。建场之初群山裸露，满目荒芜，石灰岩山地只有石头没有土。来自四面八方的务林人先治坡后治窝、先生产后生活，60 多年来一张蓝图绘到底，一茬接着一茬干，用青春乃至生命书写了我国北方石灰岩山地荒山变林海的绿色传奇，也让原山林

原山林场

场成为鲁中地区一道不可或缺的绿色生态屏障。

改革开放以来，原山林场坚持保生态和保民生“两条腿”走路，抱定“千难万难，相信党依靠党就不难”的坚定信念，在有效保护森林资源的基础上，通过发展森林旅游、园林绿化和森林康养，“不砍一棵树照样能致富”，每年有源源不断的资金投入森林防火、生态建设和职工民生中。

原山林场的森林覆盖率由建场之初的不足 2% 增加到如今的 94.4%。今天的原山林场，已经成为首批

原山林场林海

△ 原山石海

中国最美森林氧吧、全国自然教育学校、全国森林文化传播基地，被当地市民亲切地称作“淄博的肺”。

在长期的实践中，原山林场不仅是习近平总书记“两山论”的受益者和践行者，还是坚定的传播者。2018 年 3 月，原山艰苦创业教育基地（“特别能吃苦、特别能战斗、特别能忍耐、特别能奉献”的原山

精神）与焦裕禄干部学院（焦裕禄精神）、红旗渠干部学院（红旗渠精神）、江西干部学院（井冈山精神）等一起，入选中央国家机关党校首批 12 家党性教育基地。每年接待来自全国的党员干部、大专院校、企事业单位学员约 10 万人次，为全国 4000 多家国有林场提供了可学习、可借鉴、可复制的现实样板。

一问一答

Q：“原山精神”的内容是什么？

A：特别能吃苦、特别能战斗、特别能忍耐、特别能奉献。

△原山林场

07 湖北省太子山林场

昔日的荒山秃岭，如今变成茫茫林海，这是大家对湖北省太子山林场的评价。湖北省太子山林场管理局，成立于1957年11月，是湖北省林业局直属事业单位。林场北倚大洪山，南接江汉平原，地处湖北省中部、江汉平原北缘、京山市西南部，地势由东北向西南逐渐降低，山脉呈西北—东南走向，溪沟由东

太子山林场山水风光

北向西南流动。地貌有低山、低山丘陵、丘陵、岗地和溪谷5种类型。

森林资源总面积7533.33公顷，森林覆盖率85%，活立木蓄积量52.7万立方米，林业用地面积7042.73公顷，树种以杉木、马尾松、国外松（火炬松、湿地松）、柏木、麻栎为主。植物资源共138科204属，其中，有秃杉、鹅掌楸、楠木等国家二级重点保护野生植物，另有柑橘、桃、李、杏、枣等经济林树种20多种。动物资源方面，有各种兽类、

▼ 太子山林场文创基地风光

鸟类70余种。此外，石灰石、大理石、石英石等矿产资源丰富。

太子山林场旅游资源十分丰富。有1个国家4A级景区、2个国家2A级景区；有神奇的地下探险溶洞——王莽洞；鬼斧神工的地面景观——石仓雨林；

太子山林场紫薇园风光

隐藏无穷玄机的天然佛洞——藏佛洞；唯美自然的林中花海——彩色观光园；古老神秘的历史传说遗迹——仙女泉洞；盛传“葬金头”的明代墓群——黎侍郎墓。

一问一答

Q：湖北省太子山林场有哪几种地貌?

A：有低山、低山丘陵、丘陵、岗地和溪谷5种地貌类型。

▲ 太子山林场黄花石蒜（忽地笑）

08 湖南省青羊湖国有林场

湖南省青羊湖国有林场紧连“百叶坡、沩山”两大峡谷，“千佛洞、密印寺”两大佛教圣地，“炭河里、四羊方尊、大禾方国”三大遗址，“沩山、天龙、天紫、新沩”四大漂流，可谓是生态旅游精品路线的绿色生态核心。

绿水青山

青羊湖林场是经湖南省人民政府批准，于2011年12月在长沙市宁乡县黄材、城大两个国有林场基础上合并组建，是湖南省林业局唯一的省直属国有林场。青羊湖林场位于株洲、湘潭、娄底、邵阳、益阳、岳阳6个市加省会长沙市“6+1”城市经济圈的中心位置，国有林地面积1084公顷。青羊湖林场森林覆盖率97%，活立木蓄积量11.57万立方米，天然林面积683.6公顷，占林场总面积的63%，生态公益林面积884.2公顷，占林场总面积82%。

涟漪

青羊湖林场森林植被类型多样，动植物资源丰富。有维管植物189科661属1086种，其中，有银杏、南方红豆杉、水杉等国家一级重点保护野生植物4种，香榧、鹅掌楸等国家二级重点保护野生植物15种。分布有中南地区独有的大面积野生古香榧群，千年以上古香榧100多株，最大株高30多米，胸径1.8米，树冠近百平方米。野生脊椎动物193种，其中，国家一级重点保护野生动物2种，国家二级重点保护野生动物12种。

青羊湖林场积极应变创新，转型图强，致力于打造“五型”现代化国有林场——科研创新型、生态保

▼ 日出

建兰

白颊噪鹛

护型、公共服务型、科普教育型、绿色发展型。同时大力实施以生态建设为主，涵盖固碳、科研、科教、康养、旅游于一体的“五维”发展战略，着力将林场打造成为资源保护、森林经营、科研创新、林业产业的示范基地和样板基地。

一问一答

Q：青羊湖林场“五型”现代化国有林场的内涵是什么？

A：科研创新型、生态保护型、公共服务型、科普教育型、绿色发展型。

▲ 青山入画

明月山林场丰富的森林资源

09 江西省安福县明月山林场

江西省安福县明月山林场，其前身江西兴林森工集团有限公司，始建于 1950 年，2006 年改制为安福县明月山林场。经营总面积 3.57 万公顷，其中，商品林 1.96 万公顷，公益林 1.33 万公顷，天然林 0.29 万公顷，森林蓄积量 281 万立方米，森林覆盖率 93%。人工林以杉木为主，是全国有名的陈山红心杉商品材基地。

明月山林场森林资源丰富，动植物种类繁多，有红豆杉、楠木、猴欢喜、水曲柳、全缘叶红山茶等名贵树种，以及水鹿等 190 余种野生动物。

除了丰富的动植物资源，明月山林场的景观也如名字一般引人遐想。万亩连片的天然黄山松千姿百态，或笋立挺拔，似擎天巨人；或翠枝舒展，如流水行云；或虬根盘结，如苍龙凌波；或矫健威武，如猛虎归山。江南罕见的连绵数十里的高山草甸、石笋、飞瀑等森林景观，也各具特色，引人流连忘返。

为发挥森林资源优势，明月山林场大力发展以森林旅游、园林绿化、中药材和茶叶种植与加工的林下经济产业，不断畅通“两山”转化通道。并先后荣获“全国十佳林场”“全国森林康养林场”“全国森林经营重点试点单位”等荣誉称号。

△ 林下仿野生种植多花黄精

森林旅游（羊狮慕风光）

一问一答

Q：你知道明月山林场盛产哪种商品材吗?

A：陈山红心杉。

▲ 闽楠等珍稀树种培育

△ 林区风光

10 甘肃省小陇山林业保护中心

甘肃小陇山林业保护中心位于甘肃省东南部，地处秦岭山脉西段，地跨长江、黄河两大流域，是兼有我国南北方特点的典型天然次生林区，也是全国天然林保护工程重点实施区。林业保护中心总面积79.43万公顷，其中，林业用地66.37万公顷，活立木总蓄积量4633万立方米，森林覆盖率69.43%。林业保

护中心现有国有林场21个，直属单位15个。林业保护中心经营管理范围内有国家级森林公园2处，省级森林公园7处，国家级自然保护区1处，省级自然保护区2处。

小陇山林业保护中心所辖林场分布于天水、陇南、定西三市八县（区），是全国最大的国有林场群。林区气候温和，雨量充沛，夏无酷暑，冬无严寒，自然条件优越，动植物种类繁多。林区有野生动物389种，包括国家一、二级重点保护野生动物58种；有各类植物2845多种，包括国家一、二级重点保护野生植物15种；是全球同纬度生物多样性最富集的地区之一。

在60年的风雨历程中，小陇山人发扬艰苦创业、顽强拼搏，开拓创新、求实奋进的精神，经历了次生林综合培育、用材林基地建设、天然林资源保护工程建设3个重要历史时期，打造了3张小陇山“名片”。

林海莽莽

党的十八大以来，小陇山林业保护中心各项事业有了长足的发展，后备森林资源持续增长，森林面积、蓄积量逐年增加，林分质量不断提高，基础设施日趋完善，科教文化成绩显著，林业产业框架初步形成，林区生产、生活条件大为改善，全域实现了绿水青山，构筑起了祖国西部和甘肃“东大门”的坚实生态屏障。

一问一答

Q：全国最大的国有林场群是哪里?

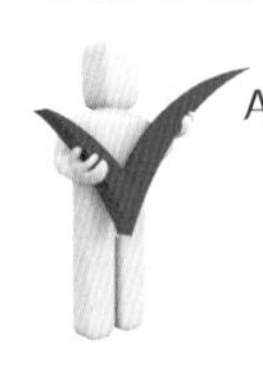

A：甘肃省小陇山林业保护中心所辖林场分布于天水、陇南、定西三市八县（区），是全国最大的国有林场群。现有国有林场 21 个，直属单位 15 个。

云蒸霞蔚

11 陕西省汉中市武乡林场

陕西省汉中市武乡林场始建于1958年。建场初期，森林覆盖率仅为4.1%。经过林场几代人的不懈努力，森林资源数量大幅增加，林区森林以华山松、油松、马尾松人工林和栎类天然次生林为主。林场经营总面积5000公顷，其中，国家重点公益林3000公顷，森林覆盖率96%，活立木蓄积量36万立方米。

武乡林场内有木本植物73科400余种，种子植物120科1300余种，陆生脊椎野生动物71种，包括国家一级重点保护野生动物秦岭羚牛，国家二级重

▼ 人间仙境

△ 天台山林区

点保护野生动物黑熊、岩羊、红腹锦鸡、血雉、大鲵等20余种。辖区范围内有汉中天台国家森林公园和天台山－哑姑山省级风景名胜区。

丰富的野生动植物资源和武乡林场多年来的努力是分不开的。武乡林场多年来持续强化森林资源保护，确保森林资源安全，包括持续加大资源保护宣传力度、抓好森林资源日常管护、加强林区隐患排查整治等。同时，林场也重视加强森林资源培育，提升森林总量及质量，一方面争取资金实施森林抚育及封山育林，另一方面积极防治森林病虫害，提升森林健康质量。

武乡林场一直以实际行动贯彻落实“绿水青山就是金山银山”理念，当好森林卫士，管好山，护好林，为生态文明建设添砖加瓦。

一问一答

Q：武乡林场是如何加强森林资源培育的?

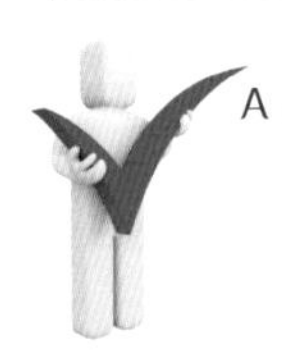

A：一方面争取资金实施森林抚育及封山育林，另一方面积极防治森林病虫害，提升森林健康质量。

▲ 天然氧吧

12 四川省洪雅县国有林场

四川省洪雅县国有林场创建于1953年。林场森林经营面积6.59万公顷，森林蓄积量834万立方米，森林覆盖率86%，天然林以冷杉、云杉、铁杉、丝栗栲等为主；人工林以柳杉、杉木为主，还有部分水杉、日本落叶松、檫木、枫杨等。

由于生态系统得以完整保护，洪雅林场蕴藏着丰富的动植物资源，有植物2347种。其中，国家一级重点保护野生植物4种，国家二级重点保护野生植物74种，中国特有属植物如珙桐、连香树等34种。有

洪雅县国有林场瓦屋山天然林

国家一级重点保护野生动物灰胸薮鹛

小熊猫

野生动物890种，其中，鸟类309种，大熊猫、羚牛、林麝等国家重点保护野生动物91种，包括国家一级重点保护野生动物17种。

▲ 远眺瓦屋山

△ 玉屏山林海

20世纪90年代，林场着力推动从“木头经济”到“生态经济”的产业转型，通过自筹资金、自主经营，大力发展森林旅游，累计投资10亿元，打造瓦屋山景区、玉屏山景区，探索出观光游憩、森林康养与自然研学多元发展的新路径。2021年，林场接待游客100万人次，实现旅游收入2亿元，取得可喜

的生态、社会、经济效益。历经7年的探索和实践，玉屏山森林康养基地成为国内的旗帜和标杆，洪雅县国有林场成为全国森林康养的排头兵。

60多年来，洪雅县林场在培育保护森林资源、改善生态环境、发展森林旅游、推动林业科技进步等方面发挥了巨大的作用。

一问一答

Q：洪雅县国有林场主要有哪些天然林?

A：冷杉、云杉、铁杉、丝栗栲等。

瓦屋山珙桐

13 浙江省淳安县林业总场

浙江省淳安县林业总场地处浙江省西部，始建于1962年，是浙江省国有林场中面积最大的公益性企业国有林场，下辖16个林场。作为千岛湖核心山水资源的经营管护主体，管理千岛湖3.73万公顷山林和5.33万公顷水域，经营着浙江省最大的国家级森林公园——千岛湖国家森林公园。

▼ 姥山分场生态茶园

森林资源是淳安县林业总场的立足之本、生存之基、发展之源。通过 60 年的森林保护与经营，使昔日的荒山秃岭变成了今日山清水秀的绿色宝库，森林覆盖率由建场初期的 38.75% 提高到现在的 94.55%（均不含水面），立木总蓄积量由 36.06 万立方米增加至 340.63 万立方米，库区维管植物种类已达 900 多种。

库区森林群落结构趋于稳定，对自然灾害的抵御能力不断提高，生物多样性越来越丰富，国家一级重点保护野生动物海南鳽在这里奇迹般稳定繁殖。淳安

△ 千岛湖梅峰

县林业总场为淳安县、杭州市和钱塘江流域的生态、环境与生物多样性保护作出了重要贡献。秀丽的千岛湖犹如一颗璀璨的明珠镶嵌在中国华东，已成为海内外驰名的旅游胜地和长三角地区最佳水源地，亚热带

水源涵养地保护和森林可持续经营典范。

山水文化的有机结合、丰富多彩的生态文化、人与自然和谐共生的文化传统，让淳安县林业总场焕发新的生机与活力。

一问一答

Q：浙江省最大的国家级森林公园是哪个？由哪个林场负责经营？

A：千岛湖国家森林公园，由淳安县林业总场负责经营。

▲ 湖光山色体验游

14 贵州省贵定县国有甘溪林场

漫步于贵州省贵定县国有甘溪林场，映入眼帘的是苍翠的树木和丰茂的百草。走进这个天然氧吧，让人身心愉悦，心旷神怡。

贵定县国有甘溪林场位于贵州省黔南布依族苗族自治州，距离贵州省会贵阳57千米，始建于1958

▼ 甘溪林场丰富的植物资源

年。在几代人的苦心经营下，甘溪林场从贫困林场华丽变身为“全国十佳林场”、国家森林公园、国家生态文明教育基地，森林覆盖率从 80% 提高到 91.6%，成为黔南布依族苗族自治州生态功能最完善、森林资源最丰富的林区之一。

甘溪林场动植物资源丰富，现有植物 184 种，隶属于 90 科 160 属，涉及药用植物、观赏植物、材用植物等 12 类；有陆生脊椎动物 194 种，隶属 28 目

▲ 甘溪林场核心区

67 科。这其中不乏国家重点保护野生动植物，如国家一级重点保护野生植物银杏等，国家二级重点保护野生植物喜树等；国家一级重点保护野生动物林麝、穿山甲、小灵猫、大灵猫，国家二级重点保护野生动物红腹锦鸡、大鲵等。

2011 年 12 月，甘溪林场成功申报“省级森林公园”，2014 年升格为“国家级森林公园”，并先后获得“贵州省生态文明教育基地”“国家级生态文明教育基地”“全国十佳国有林场”等荣誉称号，成为省内外知名企业团队、机关单位、中小学校开展生态文明教育的重要基地。

位于甘溪林场核心区的犀牛河

竹荪

一代人有一代人的长征，一代人有一代人的担当，回顾国有甘溪林场60多年的艰辛历程，展现出的是对大自然的无限敬畏和奉献精神的传承与发展。

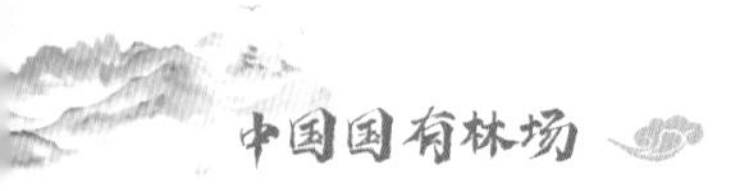

一问一答

Q：贵定县国有甘溪林场有哪些珍稀动物资源?

A：有国家一级重点保护野生动物林麝、穿山甲、小灵猫、大灵猫等，国家二级重点保护野生动物红腹锦鸡、大鲵等。

▲ 甘溪林场白花泡桐树

深圳八景之一梧桐烟云

15 广东省沙头角林场

广东省沙头角林场（广东梧桐山国家森林公园）成立于1980年，位于深圳市盐田区，是广东省首个国家级森林公园，也是目前深圳市唯一的国家级森林公园。

沙头角林场总面积541.4公顷，其中林地面积489.7公顷，公益林488.1公顷（占林业用地面积的99.4%），林木蓄积量44274立方米，森林覆盖率达91.6%。

园区现有野生植物240科1419种，野生动物64科196种，拥有桫椤、穗花杉、土沉香（华南沿海最大的野生土沉香植物群落），以及蟒蛇、赤腹鹰、

▲ 恩上水库景区

褐翅鸦鹃、小灵猫等国家重点保护野生动植物资源，原生态环境和生物多样性优良。

沙头角林场与盐田区政府和相关部门共建、共治、共享梧桐山国家森林公园鸳鸯谷景区、恩上水库应急环湖绿道、恩上半山公园带。恩上湿地经过修复，变成了一个群山环绕、树木茂盛、空气清新的世外桃源，被誉为盐田区的天然生态氧吧，吸引了大量游客前来游玩，成为全国有名的“网红”打卡点。

金钟报春山海秀

沙头角林场还与辖区学校开展自然教育合作，积极参与粤港澳自然教育事业发展，打造最美森林课堂；与省内外各大高校、科研院所开展紧密合作，打造森林生态提质增效示范基地。

凭借着多年来的不断创新、锐意进取，沙头角林场被授予“全国工人先锋号”“全国十佳林场”等众多荣誉称号，成为广东省国有林场改革发展的一个缩影。

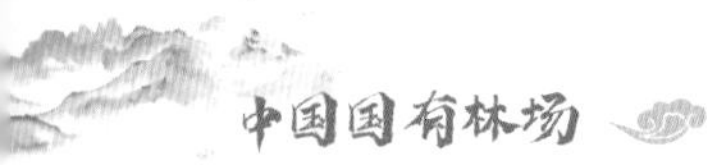

一问一答

Q：深圳目前唯一的国家级森林公园是哪个？

A：广东梧桐山国家森林公园。

▲ 杜鹃花开

16 广西壮族自治区国有高峰林场

广西壮族自治区国有高峰林场，创建于1953年，坐落在大明山弧形山脉的南侧，南宁盆地的北缘。林区主要以速生桉、杉木、马尾松等人工用材商品林植被为主，少量残存天然次生林。

建场以来，在一穷二白、满目荒山的恶劣条件下，几代高峰人筚路蓝缕、艰苦创业，他们发扬“劳

高峰林场林区美景

动在山，学习在山，开会在山，吃饭在山，睡觉在山”的“五在山”精神，冬战严寒，夏斗酷暑，挥舞银锄，奋力拓荒，在场内外营造了上百万亩“林海”，成为首府南宁的天然绿色屏障和生态后花园。

如今，高峰林场经营面积达 10 万公顷，森林蓄积量 700 万立方米，森林覆盖率 87%，遍及全区 12 个地市、49 个县（市、区）。林场内动植物资源十分丰富。据不完全统计，场内已知有维管植物种类约 1200 种（含变种和品种），其中蕨类约 70 种，裸

高峰云海

子植物约 15 种，被子植物约 1115 种，国家二级重点保护野生植物有红椿、紫荆木、金毛狗、福建观音坐莲等，广西重点保护野生植物有美冠兰、线柱兰等；场内共有陆生脊椎动物 95 种，其中两栖类 8 种，爬行类 12 种，鸟类 134 种，哺乳类 7 种，国家二级重点保护野生动物 11 种，自治区重点保护野生动物 23 种。

截至 2021 年底，林场总资产达 113 亿元，年收

入 22 亿元，经济总量和综合实力居全国国有林场前列，并先后荣获农业产业化国家重点龙头企业、国家林业重点龙头企业、全国文明单位、中国林板一体化产业示范基地等荣誉，高峰林业设计公司被中国林业工程建设协会评为林业调查规划设计甲级资质。

近 70 年披荆斩棘、风雨兼程，高峰林场成为国有林场自力更生、创新发展的一道靓丽风景，树立了一个绿色崛起的生态样本。

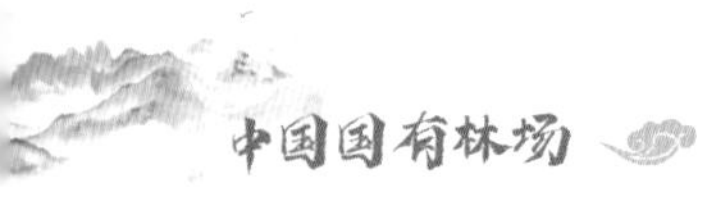

一问一答

Q：广西国有高峰林场盛产哪些人工用材?

A：速生桉、杉木、马尾松等。

▼ 高峰林场高质量商品林“双千”基地

17 福建省洋口国有林场

杉木是南方栽培最广、生长最快、经济价值最高的用材树种之一，相信大家在生活中都能看到各式各

▽ 杉木第三代试验林

样的杉木家具。提到杉木，就不得不提福建省洋口国有林场。

洋口林场始建于1956年，地处福建省北部的“中国杉木之乡”顺昌县和延平区境内。洋口林场经营区涉及2个县（区）15个乡（镇）42个行政村，

大山深处的洋口林场

现有经营区总面积7020公顷，森林覆盖率92%，活立木蓄积量123万立方米，年产木材2万立方米，年产杉木良种苗800多万株，是我国唯一的国家杉木种质资源库、首批国家重点林木良种基地、国家林业和草原长期科研基地、国家林业科技园区，被誉为“中国林木育种的发祥地”和“中国杉木育种的摇篮”。

杉木的茂密生长，离不开合适的生长环境。洋口林场所在的地域气候温和，雨量充沛，植物生长期

长，土壤以山地红壤为主，土层深厚肥沃，非常适宜杉木等用材树种生长。因此，洋口林场成为我国杉木中心产区的核心区。

60 多年来，林场克服重重困难，立志科研报国，建成了我国规模最大、品质最优、品种最全、辐射最广的杉木良种优苗生产基地，为脱贫攻坚和乡村振兴作出了积极贡献。2021 年，获得“福建省脱贫攻坚先进集体”荣誉称号。

一问一答

Q：我国规模最大、品质最优、品种最全、辐射最广的杉木良种优苗生产基地是哪里?

A：福建省洋口国有林场。

▲ 采集杉木穗条

拍　　摄：（按姓氏笔画排序）

马建伟　王　龙　王　成　王　磊
王子墨　王家才　王嘉宁　邓　飞
石天权　刘文剑　汤升成　孙邦建
苏静华　李　光　杨万林　吴乾隆
何树森　汪黎明　沈鸿泽　张海升
张群群　林树国　周　琳　周超祥
胡卫江　夏腾煌　殷　毅　殷宏松
郭　赞　涂白松　黄　海　崔宗喜
麻坚娜　阎晚生　程　顺　魏　蒙

图片提供：白芨滩管理局
江西省安福县明月山林场
洪雅县国有林场
高峰林场外造办
高峰林场信息办